MapleStory
数学应用漫画

冒险岛
数学奇遇记 50

无限可能的倍数

〔韩〕宋道树／著　〔韩〕徐正银／绘　李学权　王　佳　李享妍／译

U0335852

台海出版社

图书在版编目（CIP）数据

冒险岛数学奇遇记.50，无限可能的倍数 /（韩）宋道树，（韩）徐正银著；李学权，王佳，李享妍译. -- 北京：台海出版社，2019.10（2021.8重印）

ISBN 978-7-5168-2446-7

Ⅰ.①冒… Ⅱ.①韩… ②韩… ③李… ④王… ⑤李… Ⅲ.①数学 – 少儿读物 Ⅳ.①O1-49

中国版本图书馆CIP数据核字(2019)第216263号

版权登记号：01-2019-4857

冒险岛数学奇遇记 50　　MAOXIANDAO SHUXUE QIYUJI 50

著　　者：〔韩〕宋道树　　　　　　　绘　　者：〔韩〕徐正银
译　　者：李学权　王　佳　李享妍

出版策划：双螺旋童书馆
责任编辑：武　波　　　　　　　　　　装帧设计：北京颂煜图文
特约编辑：唐　浒　耿晓琴　宋卓颖　　责任印制：蔡　旭

出版发行：台海出版社
地　　址：北京市东城区景山东街20号　　邮政编码：100009
电　　话：010-64041652（发行，邮购）
传　　真：010-84045799（总编室）
网　　址：www.taimeng.org.cn/thcbs/default.htm
E－m a i l：thcbs@126.com

经　　销：全国各地新华书店
印　　刷：天津长荣云印刷科技有限公司
本书如有破损、缺页、装订错误，请与本社联系调换

开　　本：710mm×960mm　　　　　　1/16
字　　数：152千字　　　　　　　　　印　　张：10.25
版　　次：2019年12月第1版　　　　　印　　次：2021年8月第4次印刷
书　　号：ISBN 978-7-5168-2446-7

定　　价：29.80元

前言

重新出发的《冒险岛数学奇遇记》第十辑，希望通过创造篇进一步提高创造性思维能力和数学论述能力。

我们收到很多明信片，告诉我们韩国首创数学论述型漫画《冒险岛数学奇遇记》让原本困难的数学变得简单、有趣。

1~30册的**基础篇**综合了小学、中学数学课程，分类出7个领域，让孩子真正理解"**数和运算**""**图形**""**测量**""**概率和统计**""**规律**""**文字和式子**""**函数**"，并以此为基础形成"**概念理解能力**""**数理计算能力**""**原理应用能力**"。

31~45册的**深化篇**将内容范围扩展到中学课程，安排了生活中隐藏的数学概念和原理，以及数学历史中出现的深化内容。此外，还详细描写了可以培养"**原理应用能力**"，解决复杂、难解问题的方法。当然也包括一部分与"**创造性思维能力**"和"**沟通能力**"相关的内容。

从第46册的**创造篇**起，《冒险岛数学奇遇记》以强化"**创造性思维能力**"和巩固"**数理论述**"基础为主要内容。创造性思维能力，是指根据某种需要，针对要求事项和给出的问题，具有创造性地、有效地找出解决问题方法的能力。

创造性思维能力由坚实的概念理解能力、准确且快速的数理计算能力、多元的原理应用能力及与其相关的知识、信息及附加经验组成。主动挑战的决心和好奇心越强，成功时的愉悦感和自信感就越大。尤其是经常记笔记的习惯和整理知识、信息、经验的习惯，如果它们在日常生活中根深蒂固，那么，孩子们的创造性就自动产生了。

创造性思维能力无法用客观性问题测定，只能用可以看到解题过程的叙述型问题测定。数理论述是针对各种领域和水平（年级）的问题，利用理论结合"**创造性思维能力**"和"**问题解决方法**"解决问题。

尤其在展开数理论述的过程中，包括批判性思维在内的沟通能力是绝对重要的角色。我们通过创造篇巩固一下数理论述的基础吧。

来，让我们充满愉悦和自信地创造世界看看吧！

出场人物

哆哆
每次利安家族陷入危机，哆哆都会想出绝妙的战略应对。尽全力帮助阿兰，为利安家族找回名誉。

前情回顾

火辣辣

我知道，战斗吧！一直到最后！

宝尔曾经是利安家族的警卫队长，阿兰需要他的帮助。在哆哆的帮助下，阿兰与宝尔对战，并取得胜利，为与俄尔塞伦的对决增添一份力量。另一边，面具族接到俄尔塞伦公爵的命令，攻击利安家族，在哆哆的部署下，利安家族不战而胜。阿兰却下令释放所有面具族的士兵！

默西迪丝
以为现在的哆哆就是胆小鬼哆哆，看在阿兰和宝尔的面子上努力原谅现在的哆哆，但是，并不容易。

阿兰
在哆哆的帮助下逐渐变成帅气的利安家族长子。不断做出令人意想不到的行动，让大家刮目相看。

艾萨克将军

没有能力，为了升职不择手段，发现哆哆没有利用价值后，立刻现身在俄尔塞伦公爵的面前。

俄尔塞伦公爵

皇后的哥哥，负责螺旋帝国的所有重要职责，是拥有绝对权利的总司令官。野心大，什么事情都办不好，还窥伺王位。

皇后

俄尔塞伦公爵的双胞胎妹妹，为了总是犯错的哥哥而郁闷，决定亲自处置阿兰。

石头面具族族长

生活在利安树林的面具族族长。为了部族的生存而听从俄尔塞伦的指示。

目 录

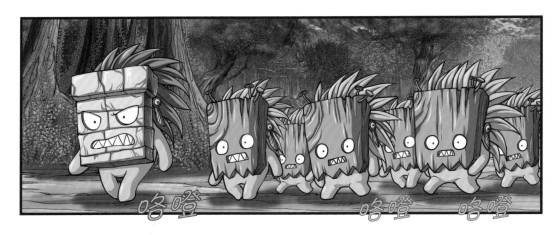

利安家族的后代果然与众不同！

居然一点儿交换条件都没有，就把我们放了。这绝对不是凡人的举动。

都是徒劳！

什么？

心胸宽阔又怎么样？一点儿后盾都没有，什么都是虚的。所以，全都是徒劳的行为！

无知的家伙，今天放了我们，以后一定会后悔的！

少爷今天大错特错了！

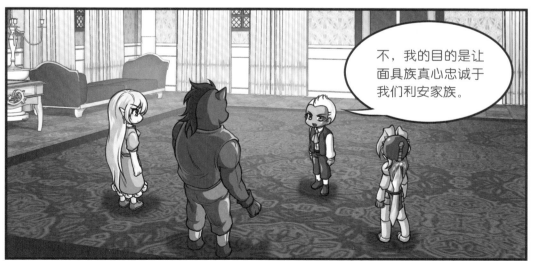

不，我的目的是让面具族真心忠诚于我们利安家族。

哆哆的判断题

三位数 abc 的最后两位数 bc 是 4 的倍数，那么，abc 也是 4 的倍数。

真帅，阿兰！只要心胸宽广就能统治帝国。

还是哆哆哥哥了解我。

目的没错，心胸宽广也没错。

你有信心赢第二次吗？

当然了！

院子里放了喷水装置，面具族根本没法越过。

你没想过季节的问题吗？

什么？

少爷真是天真啊！

正确答案

马上就要到梅雨季节了。

马上就要到梅雨季节了啊，那又怎么了？

如果下雨了，喷水攻击就失效了。

哐

是……是啊。我没想到。

面具族一定会在梅雨季节开始的时候进攻我们。梅雨季节开始的那天就是利安家族灭亡的日子。

全都怪你！

为什么把火烧到我的身上？

我们阿兰本来是个非常冷静，非常谦逊的孩子。

猛然

可是，自从和你亲近以后听风就是雨，才发生了今天的事情。

明明是我的错，为什么要对哆哆哥哥这样！

不，阿兰！你一点儿错都没有。

知道灭亡也要摆出心胸宽大的姿态，就这样！

这家伙到最后都……

 哆哆的判断题 七位数 N=*abcdefg* 的最后四位数 *defg* 是 16 的倍数，那么，N 也是 16 的倍数。

哗啦啦啦

几天后进入梅雨季节

出现

正确
答案

他们似乎还觉得喷水有用。

不会……不知道下雨天那些东西没有用了吧?

就算知道也没用,现在肯定围在一起犯愁呢。这就是傻瓜的特征。

我们要十倍奉还上次受到的**侮辱**!

是!

卡伊扎
的满分
问答

五位数 N = 342 ☆ 6 是 24 的倍数，那么，☆ = (　　)。　　第115章　阿兰vs石头面具族　19

本来挂在非常高的地方的，可是雨太大了，都浇落到这么低了。

如果你们晚来一点儿，我们就完了。

我……我的天啊！

太汗

来，现在开始吧？

打开喷水装置！

猛然

后……后退！

族长，和部族们回去吧。

惊讶

阿兰，你到底怎么了？

怒视

你有信心吗？你还能阻挡多少次我们的攻击？

六位数 523 ☆ 74 是 9 的倍数，那么，☆ = (　　)。　　　　　第115章　阿兰vs石头面具族　23

真是少年英雄啊！如果不是恰逢这种时局，我会毫不犹豫*地把他当作主人侍奉！

*毫不犹豫：说某句话或者做出某种行为的时候丝毫没有踌躇。

可是，在俄尔塞伦的掌控下，我得先救我的部族！

等一下！

我提出一个方案吧。

又要说什么废话？

你们一定会很满意。

正确答案

6

别再继续这种无聊的战斗了。

在利安家族和面具家族里分别选出一个代表对决，怎么样？

呸

想法不错，我有信心一对一！

我们这边我来，我和族长对决！

好，我们这边由我出战！

火辣辣

唉，当然不行！

宝尔不能代表利安家族。

那谁代表利安家族出战？

当然是阿兰了！利安家族的代表就是阿兰。

你疯了吗？

如果阿兰在对决中赢了……

我发誓，我和面具族会忠诚于少爷！

不行，你就当没听见吧。

你这玩笑开大了。

阿兰，你决定吧！你想像现在这样，离俄尔塞伦远远的，还是豁出性命一决胜负？！

DDDDDD

我要对决，石头族长！

火辣辣

吱吱

姐姐呢?

还在哭呢。

叔叔，我弟弟怎么办啊!

呜呜

冷静下来，小姐。

阿兰少爷很了不起，都有实力打败我。

那是因为叔叔让着他了，石头族长肯定不会放过他的。

那倒是。

你没信心战胜他吗?

说实话,要我战胜石头族长……

跟我来,我有东西给你看!

嗖

咯噔 咯噔

咔嚓

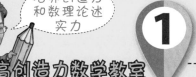

 倍数的判定法

领域—数和运算　　能力—创造性思维能力

提示文

我们在《冒险岛数学奇遇记》37 册第 55 页中学过倍数的判定法吧？我们重新整理一下。

（1）2 的倍数：个位数的数字是 2 的倍数，即 0，2，4，6，8 的数。

（2）3 的倍数：各位数之和是 3 的倍数。

（3）4 的倍数：后两位数（十位数和个位数）是 00 或者是 4 的倍数。

（4）5 的倍数：个位数的数是 0 或者 5。

（5）6 的倍数：既是 2 的倍数，也是 3 的倍数。

（6）8 的倍数：后三位数是 000 或者是 8 的倍数。

（7）9 的倍数：各位数之和是 9 的倍数。

（8）10 的倍数：个位数的数是 0。

（9）12 的倍数：既是 3 的倍数，也是 4 的倍数。

除了（1）～（9）以外，我们详细了解一下 7，11，13 的倍数判定方法。

论点1 两个自然数 a，b 之和等于 n。即，$n = a + b$。当 a 是自然数 p 的倍数时，如果让 n 是 p 的倍数，那么，b 也应该是 p 的倍数，请证明这一事实。

〈解答〉 因为 a 和 n 都是 p 的倍数，所以，$a = k \times p$，$n = l \times p$。$l \times p = k \times p + b$，$b = (l-k) \times p$。由此可知，$b$ 是 p 的倍数。相反，如果 a 和 b 是 p 的倍数，那么，$N = a + b = k \times p + l \times p = (k + l) \times p$ 中，N 是 p 的倍数。

论题1 请论述提示文中（2）和（7）的判定法。

〈解答〉 （$n + 1$）位自然数 $N = a_n a_{n-1} \cdots\cdots a_1 a_0$ 的展开形式如下。

$N = a_n \times 10^n + a_{n-1} \times 10^{n-1} + \cdots + a_1 \times 10 + a_0$

此时 $10^n - 1$ 一般是 99……99，全部都是 9 的倍数。

因此 $N = a_n \times (10^n - 1) + a_{n-1}(10^{n-1} - 1) + \cdots + a_1 \times (10-1) + (a_n + a_{n-1} + \cdots + a_1 + a_0)$

根据 **论点2** 可知，最后一项出现的各位数之和（$a_n + a_{n-1} + \cdots + a_1 + a_0$）如果是 3 的倍数，那么，$N$ 也是 3 的倍数，如果是 9 的倍数，那么，N 也是 9 的倍数。

应用问题① 请判定七位数 N=736461 是 9 的倍数，再判断它也是 3 的倍数。

〈解答〉 各位数之和是 $7 + 3 + 6 + 4 + 6 + 1 = 27$，因为 27 是 9 的倍数，所以 N 是 9 的倍数，另外，因为 27 也是 3 的倍数，所以，N 也是 3 的倍数。

论点2 请质因数分解 $1001 = 10^3 + 1$。

〈解答〉因为 $31^2 < 1001 < 32^2$，所以，分解 31 以下的质因数就可以得出质因数。结果为 7，11，13，由此可知，$1001 = 7 \times 11 \times 13$ 是质因数分解的结果。

论题2 利用 **论点2**，找出判断七位数 $N = abcdefg$ 是否是 7、11、13 的倍数的方法。

〈解答〉将 $N = a \times 10^6 + b \times 10^5 + c \times 10^4 + d \times 10^3 + e \times 10^2 + f \times 10 + g$ 的各数，从第一个数开始以每三个数字为一组分开，得到 $a \times 10^6 = a \times (10^6 - 1) + a = a \times (10^3 - 1) \times (10^3 + 1) + a$ 和 $b \times 10^5 + c \times 10^4 + d \times 10^3 = (b \times 10^2 + c \times 10 + d) \times (10^3 + 1) - (b \times 10^2 + c \times 10 + d)$。

除了 $10^3 + 1 = 1001$ 的倍数这个部分，替换从第一个数开始每三个数字分成一组的三位数的符号后相加，可以证明 $a - (b \times 10^2 + c \times 10 + d) + (e \times 10^2 + f \times 10 + g)$ ⇔ $a - bcd + efg$ 是 7、11、13 的倍数。

应用问题② 十位数 $N = 1123456789$，请求出 N 是 7、11、13 中，哪一个数字的倍数。

〈解答〉从（1）（123）（456）（789）可知，$789 - 456 + 123 - 1 = 455$，455 既是 7 的倍数，也是 13 的倍数，所以，N 是 7 和 13 的倍数。

论题3 如 **应用问题②** 所示，三个数为一组可以马上计算出 455 是不是 7、11、13 的倍数。请找出快速判断 3 ~ 4 位数是否是 7、11、13 的倍数的方法。

〈解答〉请用四位数 $abcd$ 说明。

[7 的倍数] 已知 $abcd = a \times 10^3 + b \times 10^2 + c \times 10 + d = (a \times 10^2 + b \times 10 + c) \times 10 + d = 7 \times (a \times 10^2 + b \times 10 + c) + 7 \times d + 3 \times (a \times 10^2 + b \times 10 + c) - 6 \times d$，所以，$3 \times (abc - 2 \times d)$ 是 7 的倍数，即 $abcd$ 是 7 的倍数。因为 3 和 7 是互质数，所以，$abc - 2 \times d$，即如果"除了第一个数的前三个数" – "个位数的二倍"是 7 的倍数，那么，$abcd$ 是 7 的倍数。如果需要判定三位数 abc 是 7 的倍数，参考 $ab - 2 \times c$ 即可。

[11 的倍数] 10 的奇数幂 + 1 和 10 的偶数幂 – 1 是 11 的倍数。因为 $a \times 1000 + b \times 100 + c \times 10 + d = a \times 1001 + b \times 99 + c \times 11 + (-a + b - c + d)$，所以，从第一个数字开始交替使用 +、– 符号得到的值是 0 或者 11 的倍数，即 $abcd$ 是 11 的倍数。

[13 的倍数] 因为 $a \times 10^3 + b \times 10^2 + c \times 10 + d = abc \times 10 + d = abc \times 13 - abc \times 3 + 13 \times d - 12 \times d = (abc + d) \times 13 - 3 \times (abc + 4 \times d)$，所以，"除了第一个数以外的前三个数" + $4 \times$ "第一个数"是 13 的倍数，即 $abcd$ 是 13 的倍数。

应用问题③ 请找出 539，1092，1573 中，谁是 13 的倍数。

〈解答〉$539 \Leftrightarrow 53 + 4 \times 9 = 89$ (X)，$1092 \Leftrightarrow 109 + 2 \times 4 = 117 \Leftrightarrow 11 + 4 \times 7 = 39 = 13 \times 3$(O)，$1573 \Leftrightarrow 157 + 4 \times 3 = 169 \Leftrightarrow 16 + 4 \times 9 = 52 = 13 \times 4$ (O)。因此，1092、1573 是 13 的倍数。

滴溜溜地转

吱吱

这是我失眠的时候发现的。

原来哆哆哥哥为了我彻夜未眠啊!

别误会，我晚上失眠是因为白天睡多了!

啊，是。

你打开箱子看看。

这是什么?

打开看看就知道了。

咔嚓

嗖

*始祖：一个民族或家庭最初的祖先。

这……这是……

这是武器吗？

利安家族的始祖*
马尔斯·利安用过
的武器长臂大刀。

正确
答案　×

听说马尔斯身高两米多，拿着长臂大刀像挥动火柴棒一样。击退周围的山贼，是他为利安家族奠定了基础。

*传说：从前某种共同体的来历或体验被流传成故事。

不过，那也许只是传说*，不管力气多大，都有点儿夸张。怎么能挥动这么重的武器呢？

哈哈

家族的始祖用过的武器为什么放在仓库里呢？

因为我的爷爷、我的爸爸都对武术不感兴趣，他们经常把时间用于看书。

所以你们家才败落了。

生在乱世之中，不会打架就得死！

是。

这么重，我怎么能拿得起来呢？

大汗

你把长臂大刀拿起来。

难道你想拿着玩具木棍和石头族长打架吗？

呃呃

即便如此，也得使用适合我的武器啊。

你试试！

嗖

完全动不了。

跟我来。

你在原地滴溜滴溜地转圈。

什么?

没听见吗?转圈!

这样吗?

太慢了, 快点儿!

哆哆的判断题

如果 A 是 3 的倍数, A+B 也是 3 的倍数, 那么, B 也是 3 的倍数。

我不行了。

起来!

哆哆哥哥。

开始!

你要撒娇吗?

一把

正确
答案

第二天雨停的间隙，大家一起去参拜*利安家族的墓地

*参拜：以一定礼节进见敬重的人或瞻仰敬重的人的遗像、陵墓等。

摇晃

阿兰，你哪里不舒服吗？

没……没有！

五位数 A5451 是 9 的倍数，A=（ ）。

这就是利安家族的墓地吗？超级朴素。

是啊，别说是贵族了，简直太平凡了。

把土地分给农民农耕是利安家族的家训。

这就是利安家族受百姓爱戴的原因吧。

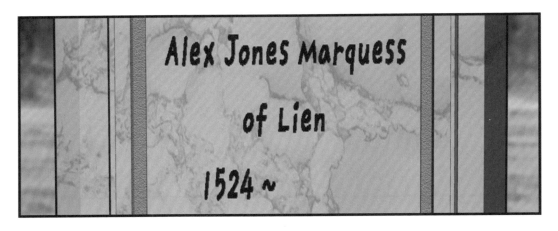

嗯?

宝尔!

为什么没写碑文呢?

嘀 嘀 咕 咕

是我不让写的,在洗刷冤屈,正式举办葬礼前,还没有去世!

嗝

知道你厚脸皮，果然非常厚脸皮！

又怎么了？！

你没有罪恶感吗？我们的爸爸是因为你冤屈*而死的！

*冤屈：冤枉，无罪而被诬为有罪。

啊……

实际上，侯爵的死和我一点儿关系都没有，可是……

我发誓，一定会为侯爵洗清冤屈！你等着吧。

卡伊扎的满分问答

如果五位数 6578A 是 13 的倍数，那么，A=（　　）。

爸爸，拜托你把哆哆带走吧。他正在毁掉阿兰！

姐姐，拜托！

我什么时候毁掉阿兰了？

嘤！

呀呀

不是你让阿兰和族长打架的吗？现在怎么办？

什么怎么办？阿兰赢了不就行了吗？

怎么赢？

阿兰会赢的，因为……

因为我就是那么决定的！

嗖

你决定就行了吗？你有超能力吗？

当然了，我有超能力！我证明给你看呀！

正确答案

0

从现在开始，我要算出你们说出的五个四位数加在一起的结果。虽然不知道你们每个人会说什么数字，但是，我知道答案！

21522！

DDDDDD

就是说，无论我们说哪个数字，你把它们加起来都是21522，是这样吗？

是……是这样。

惊

不可能！

真的可以试试吗？

当然了！说出任意四位数！

哈哈

如果说谎你就死定了！

是，是！

我先说。

我来记录。

嗯……1524。

怒视

嗯，2381！

现在我随便说一个。

好，下一个，阿兰说吧！

嗖

7618！

宝尔说下一个数吧！

嗯……4676。

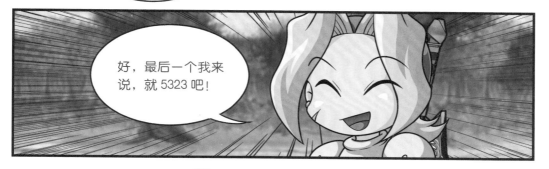

好，最后一个我来说，就 5323 吧！

现在已经说了 5 个数字了，我们结尾吧！

好的，我也觉得不能再多了。

你可能说对，有错就认吧！

你把五个数加起来算一下。

我的天啊……
真是21522！

你一定是算错了！

真的是
21522啊！

培养创造力
和数理论述
实力

提高创造力数学教室

用全等图形等分

提示文

- 默西迪丝，两个平面图形"全等"是什么意思？

- 模样和大小相同，完全重叠的两个平面图形是全等图形。n 边形的 n 对对应边长度相等，n 对对应角大小相同，如果满足这两个条件，就说两个 n 边形全等。

- 说得很对！两个图形重叠时，我们可以利用推图形、旋转图形、翻图形掌握上面提到的两个条件。如右图所示，根据（1）是推图形，（2）是旋转图形，（3）是翻图形得出两个直角三角形重叠。

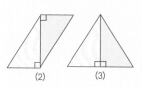

(1)　　　(2)　　　(3)

- 啊哈！证明两个三角形全等不用非得将他们实际重叠起来。需要确定六个条件，即三对对应边分别相等，三对对角分别相等就可以证明两个三角形全等。

- 是的，哆哆果然有把原理理论应用到实际生活中的能力啊！还有一点，证明三角形全等没有必须确认六个条件，一般确认三个条件就可以了。
比如说，△ABC 和 △A′B′C′ 中，只要满足 AB = A′B′，∠A = ∠A′，∠B = ∠B′ 三个条件，就可以证明 △ABC ≡ △A′B′C′。在这里，符号"≡"表示全等。

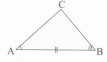 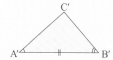

〔论点1〕 提示文中提到的三角形全等条件是边 S（side）、角 A（angle）相等，叫作 ASA 全等。请说明其他两个全等条件。

〈解答〉

SSS 全等：三边长度相等。	SAS 全等：两条边长度相等,两条边的夹角相等。
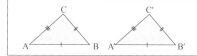	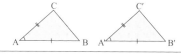

〔论点2〕 请用线段将正方形等分成四个全等图形。

〈解答〉 ① ② ③ ④ ⑤ ⑥ 有无数种方式等分成四个全等图形。

论点3 下图（1）是由三个正三角形组成的，（2）是由三个正方形组成的。请将它们等分成 4 个全等图形。

(1) 　　(2)

〈解答〉 如果把（1）和（2）四等分，就要想到把正三角形和正方形再次切割成更小的图形进行四等分。

(1) 　　(2)

论题1 请说明将方格纸上的多边形 n 等分的办法。

〈解答〉（1）求出多边形包含的格子数量 m。

（2） m 是 n 的倍数，$m \div n = k$，所以，n 等分后，一个格子里有 k 个格子。

（3）如果没有解决（2），或者 m 不是 n 的倍数，用一个小格子将图形 n 等分，那么，包含 m 个分割的小图形。

应用问题① 请用全等图形将下列图形等分。

(1) 　(2) (3) (4)

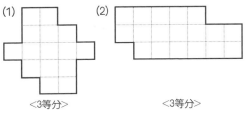　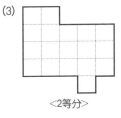　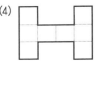

<3等分>　　　　<3等分>　　　　<2等分>　　　　<4等分>

〈解答〉(1)　(2) (3) (4)

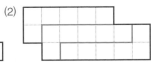　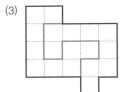　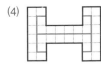

论点4 用全等图形等分时，偶尔也要求等分的图形的纹路也相同。用全等图形将右图三等分，要求每个等分的图形里包含一只小兔子。

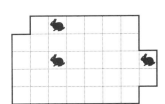

〈解答〉 一共有 36 个全等图形，以每份 12 个等分。

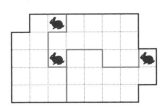

哆哆的预言实现了

只要我做出结论，结果一定是那样的。

阿兰胜，因为这就是我的结论！

火辣辣

姐姐，我仔细想过了。

咯噔

咯噔

哆哆哥哥是神送给我的礼物！

怒视

不可能，哆哆怎么可能是天使？

你再想想，怎么会不是呢？

他不但救了我们的性命，还为我们找回了财产！因为哆哆哥哥的战略，我们才能两次击退面具族的攻击。

嗯，那倒是……的确是有点儿帮助。

惊讶

从现在起，只要是哆哆哥哥说的话，我会无条件相信！像哆哆哥哥说的，我一定会战胜面具族的石头族长！

这孩子太依赖哆哆了!

也是,哆哆对他是挺好。

低头

我现在……也原谅哆哆?

瞄一眼

哆哆!

可不可以只告诉我一个人?

什么?

你是怎么猜到 21522 的。

我都说我有超能力了!

唉，别保密了，还是告诉我吧。

好，那我就只告诉你吧。

最重要的是预测第一个数字！

嘻嘻

第一个数字……默西迪丝小姐说的1524？

对。

我猜到第一个数字是1524了。

怎么猜到的？

呸

那不是利安侯爵出生年份吗！

哆哆的判断题

两个四边形的对应四对边长相等，那么，两个四边形全等。

第117章　哆哆的预言实现了　61

利安侯爵的墓碑上写着 1524，大家不是看墓碑看了 30 多分钟吗？

如果突然让你们说出四位数，不是自然而然地就会说出 1524 了吗？

啊。

后来的就简单了，1524 加上两次 9999 等于 21522。

加两次 9999 是什么意思啊？

阿兰说出的第二个数字是多少？

2381……

正确答案　✕

之后我说了 7618，7618 加上 2381 等于 9999。

解答

2381 + 7618 = 9999

接着宝尔说了 4676，我说了 5323，4676 加上 5323 也等于 9999。

解答

4676 + 5323 = 9999

无论对方说哪个数字，我都会说出相加等于 9999 的数字！

就是这样！

啊哈！

所以，知道第一个数就知道答案了，没什么神奇的吧？

别这么说！哆哆真是太厉害了。

没有啊！

怎么了？

悄悄地

悄悄地

我饿了，想吃点儿零食。

我给你做意大利面，你等着。

猛然

我在做梦吗?

默西迪丝
终于……

呜呜

嗖

默西迪丝亲手做的意
大利面! 太珍贵了,
怎么吃得下呢?

谢……谢谢。

爸爸的仇人！

 哆哆的判断题

有很多方法可以用四个全等多边形等分正方形，不过，用三个全等多边形等分正三边形的方法只有一种。

正确答案

哥哥!

很累吧?

没有!

猛然

阿兰，为什么不问我?

怎么从来不问我为什么让你转圈。

问什么?

没有必要问啊，哥哥让我做我做就好了。

看，我的进步很大吧？

这孩子又让人感动了。

是啊，不管默西迪丝说什么，我都要帮助阿兰！

这家伙真的进步很快啊！

几天后，决战那天

哗啦啦啦

卡伊扎的满分问答　三角形不是正三角形，而是等边三角形，用两个全等三角形等分它的方法有（　　）种。

正确
答案

1

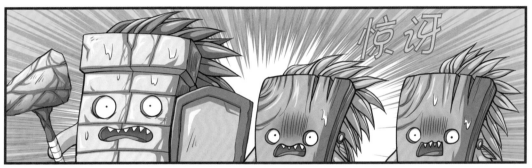

像阿兰少爷这样的小不点儿怎么能拿得起这么重的武器?

现在还来得及换武器吧?

先看看吧,哆哆一定有他自己的想法。

宝尔叔叔和阿兰太相信哆哆了!

啪啪

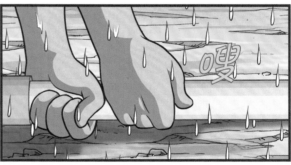

嗖

呃

卡伊扎的满分问答

用一条线段将正二十边形分成两个全等多边形的方法有（　　　）种。

连武器都拿不起来，
看来没必要再等了。

*离心力：是一种虚拟力，是一种惯性力，它使旋转的物体远离它的旋转中心。

少爷利用离心力*把长臂大刀拿起来了！哆哆让他旋转训练就是为了这个！

这种状态能坚持多久？转几圈就会晕倒了，我等等吧。

3 回文数

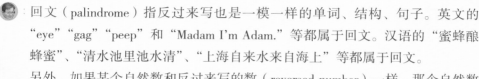

提示文

回文（palindrome）指反过来写也是一模一样的单词、结构、句子。英文的"eye""gag""peep"和"Madam I'm Adam."等都属于回文。汉语的"蜜蜂酿蜂蜜"、"清水池里池水清"、"上海自来水来自海上"等都属于回文。

另外，如果某个自然数和反过来写的数（reversed number）一样，那个自然数就是回文数（palindrome number），比如，88、101、157751等都属于回文数。

老师，我看过一篇文章，题目是《回文数的推测》。

文章推测，如果将该数与将该数各数位逆序翻转后形成的新数相加，并将此过程反复迭代后，一定会得到回文数。虽然大部分情况下都可以确认，不过，就算反复196的二百几十万次过程，也得不到回文数。

是这样啊，阿兰！我也看过那篇文章。那应该是从前好奇心强的人有什么大发现。因为那些人的强大好奇心和韧劲儿，人类的文明才被发现。你们也努力培养那种能力吧！

论点1　请求出三位数的自然数中回文数的数量。

〈解答〉假设三位数是 abc，b 和 a 可能是相同数字。因为是三位数，所以 $a \neq 0$。因为 a 可能的数字有 9 个，b 可能的数字有 10 个，所以，有 $9 \times 10 = 90$（个）数。

论题1　2、3、5、7、11、101、131、151、181、191……是回文数，也是质数，所以，它们叫作回文质数。虽然没有证明，不过，推测有无数个这种回文质数。请证明除了 11 以外，所有回文质数的位数都是奇数。

〈解答〉当回文数的位数是偶数时，证明这个回文数是 11 的倍数就可以了。

换句话说，偶数位数的回文数是 11 的倍数，不是质数（11 是唯一一个偶数位数的回文质数）。我们学过，"从个位数字开始反复使用 +、− 运算，如果结果是 11 的倍数，那么，那个数是 11 的倍数"。

$abba$ 中，$a − b + b − a = 0$，偶数位数的回文数各位数反复使用 +、− 运算后，结果总是等于 0，一定是 11 的倍数，所以，除了 11 以外，偶数位数不可能是回文质数。

论点2 把提示文中说的"逆序翻转后形成的新数相加"用于从 5280 开始的数字，请算出回文数。

〈解答〉

$$
\begin{array}{c}
5280 \\
+\ 0825 \\
\hline
6105
\end{array}
\Rightarrow
\begin{array}{c}
6105 \\
+\ 5016 \\
\hline
11121
\end{array}
\Rightarrow
\begin{array}{c}
11121 \\
+\ 12111 \\
\hline
23232
\end{array}
\Rightarrow 回文数是 23232。
$$

论点3 $a \neq b$ 的两位数 ab，用一次"逆序翻转后形成的新数相加"得到三位数回文数 ABA。请算出有多少个 ABA 形式的数字。

〈解答〉把一位数 a 和 b 相加，只能得到 $A = 1$。如果 $a + b \leqslant 9$，那么，得到两位数的回文数 cc，不是三位数。由此可知，$a + b = 10 + c\ (c \neq 0)$，$c = A = 1$，$a + b = 11$，因此，$ab$ 等于 29、38、47、56、65、74、83、92 时，ABA 只能等于 121。

论题2 $a \neq b$ 的两位数 ab，"逆序翻转后形成的新数相加"得到三位数回文数 ABA。请算出所有 ABA 形式的数字。

〈解答〉$a \neq b$ 的两位数 ab 的结果如下。

a+b，但是，a<b	10	11	12	13	14	15	16	17
两位数 ab	19、28 37、46	29、38 47、56	39、48、57	49、58、67	59、68	69、78	79	89
运用计算过程的次数	2	1	2	2	3	4	6	24
ABA（可能 A=B）	121	121	363	484	＜四位数＞ 1111	＜四位数＞ 4884	＜五位数＞ 44044	＜十三位数＞ 8813200 023188

有上表可知，ABA 形式的数字有三种，分别是 121、363、484。

〈参考〉我们不能充分证明反复"逆序翻转后形成的新数相加"可以得到回文数。因为，如果反复次数太多，就无法确认了。将该数与将该数各数位逆序翻转后形成的新数相加，并将此过程反复迭代后，结果永远无法是一个回文数的自然数，这种数叫作利克瑞尔数（lychrel number）。196、295、394、493、592、689……就是利克瑞尔数。

〈参考〉请证明，利用 **论题2** 的 ＜解答＞ 表格里最右侧的两位数 89 进行 24 次"逆序翻转后形成的新数相加"，可以得到十三位数的回文数 8813200023188。

论点4 既是回文数，也是平方数的数是回文平方数（palindromic square）。回文平方数包括 1、4、9、121、484、676……等。请找出既是四位数，又是回文平方数的数字。

〈解答〉四位数的回文数是 $abba$。平方数的个位数只能是 1、4、5、6、9，由此可以得到 $1bb1$、$4bb4$、$5bb5$、$6bb6$、$9bb9$。无论 b 等于多少，都不可能是平方数，即，四位数没有回文平方数。作为参考，两位数、四位数、八位数、十位数、十四位数……没有回文平方数。

俄尔塞伦的入侵

面具族向阿兰投降了，还发誓要忠诚于他，这是真的吗？

你怎么知道的？

你以为你不报告我就不知道了吗？你还说大话呢，现在怎么样了？！

什么？！如果皇帝驾崩*，阿兰是第一王位继承人，必须除掉他！

没什么大不了的，你不用放在心上。

*驾崩：帝王死去。

只是出现了一点儿小失误，你也太紧张了吧！

不是失误，而是你什么事情都搞砸了！你连一个小不点儿都解决不了吗？笨蛋！

你怎么敢这么跟哥哥说话？

什么哥哥，咱们是双胞胎！

我不是比你早出生2分钟吗？

哆哆的判断题　两位数里，只有两个回文数。

讨厌的家伙!

小时候每天都抢我的玩具,欺负我!

*民意:百姓的心意。

不过,像皇后说的,如果皇帝驾崩,阿兰的确是第一王位继承人。

要不我出去听听民意*吧?

正确答案　×

怎么会好呢？有一个叫俄尔塞伦的荒唐家伙正在统治国家。

歪头

俄尔塞伦为什么是荒唐的家伙？

那，的确是这样。

不是没有资格吗？既不是皇室血脉，也不是通过考试合格的人才。

不过，只要他把国家统治好不就行了。

ЮЮЮЮЮ

我给你说个故事，你想听吗？

为什么突然说故事？

从前有一个坏心眼儿的牛奶商人。

为了赚钱，第一阶段，他把水混到牛奶里卖。

牛奶

水

所以，牛奶瓶里一半是水，一半是牛奶。

混水牛奶

水

不行，这样也赚不到很多钱，还是再混点儿水吧！

第二阶段，他把混水的牛奶倒进大瓶子里，然后又倒满水。

解答

又放了两倍。

现在封包装吧？

然后，他把混进很多水的牛奶分配到小瓶子里。

这个牛奶瓶里能有多少牛奶呢？

嗯……

混水的牛奶，牛奶占整体的 $\frac{1}{2}$，

混水牛奶 ➡ 第一阶段牛奶减少了 $\frac{1}{2}$。

混进更多水的牛奶，牛奶占整体的 $\frac{1}{4}$。

混进更多水的牛奶 ➡ 第二阶段牛奶减到 $\frac{1}{4}$。

最后留在牛奶瓶里的牛奶只有 $\frac{1}{4}$。

看来你很明白啊。

俄尔塞伦也一样。他是公爵、帝国军队的总司令官、元老院议长、大法院院长。

 哆哆的判断题　111 是回文质数。

正确
答案

真不甘心……

魔法研究所

吱吱

欢迎光临。

猛然

这里可以卜卦吗？

当然！

请帮我算算我的运势。

嗯，气宇不凡啊。

当然了，我就是俄尔塞伦公爵！

手相……

嗖

一生都要在室内，不可以外出。

只能在室内，不能外出？

那不是皇帝吗？

皇帝真是辛苦啊，只能待在皇宫，不能出去。

*占卜费：占卜后给卜卦人的钱。

我的天啊！

什么？

这是占卜费*！

不，这么多钱！

卡伊扎
的满分
问答

24 位数自然数有（　　　）个回文质数。

俄尔塞伦公爵!

艾萨克将军。

嗒嗒嗒

*征伐：镇压敌人或者犯罪的一群人。

您听说了吗?

什么消息?

皇后要亲自带兵征伐*阿兰他们!

嘀嘀哒哒

哐

什么?！我才是帝国军队的总司令官，没我的允许谁敢?

猛然

是……是啊。

咯咯

皇后娘娘，我听说了一件不像话的传闻。

不是传闻，哥哥别管了。我要亲自解决阿兰！

什么？皇后怎么可以亲自上阵！

我比哥哥强多了！

小时候哥哥就总被村子里的孩子们欺负，而我是巷子队长！

帝国军队的将帅们也都觉得我比哥哥厉害。

这个！

我不那么想，我是公爵的粉丝！

我来负责征伐阿兰利安！因为我才是帝国军队的总司令官！

不！我要统治元老院，让哥哥卸任总司令官的职位！

是吗？怎么办！我可是元老院的议长。

噗

那我就收集你的罪证，把它们交给法院起诉你。

我也是法院的院长啊！

一挫

皇后还是待着吧！我负责打仗！

嘻嘻

你可知窥视的皇位马上就是我的了！

104　冒险岛数学奇遇记 50

正确答案　90

就是说俄尔塞伦要亲自出征吗？

是的，帝国军队总司令官俄尔塞伦亲自带兵来这里。

皇宫那边有行动，居然是总司令官亲自来抓我们！

这就证明你的存在非常重要。如果皇帝陛下去世……

因为在法律上，你就是皇帝！对于这一点，皇后也无可奈何。

低头

*躲避：逃避危险，藏起来。

我们先躲避*吧！如果跟他们正面冲突，我们肯定赢不了！

我也是那么想的，俄尔塞伦一定会带千军万马来攻击我们，兵力至少是我们的数十倍。

我们转移到森林里吧，具体地点我和石头族长去找。

藏起来就完蛋了！他们一定会一直追赶我们！

哆哆哥哥说得对，好不容易才找到自己的位置，不能再逃跑了。

那你要坐以待毙吗？我们不可能打胜仗！

猛然

等一下！我生活的村子有句话。

咳咳

你们村子的俗语，我一点儿都不想听！

嘻嘻

自己的地盘最好！

 火柴棒拼图

领域— 图形　　　　能力— 原理应用能力 / 创造性思维能力

提示文

　　火柴棒问题是使用固定长度的火柴棒 (matchstick) 和牙签（toothpick）制作图形，按照问题的要求去掉几个或者挪动几个，制作拼图的游戏。通过火柴棒问题不仅可以掌握图形的性质，还可以用各种方法解决问题，解绑被定住的思维，想出意想不到的点子，培养创造性思维能力。

　　在这一章里，我们移动火柴棒解决问题。 表示移动的火柴棒数量是 3，（正 3)2 个表示制作两个正三角形， 表示制作三个正方形。

论点1 根据已给出的条件制作火柴棒图形。

(1)

(2)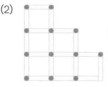

(3)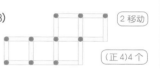

〈**解答**〉将给出形状的火柴棒数量按照需要制作的图形的边数分配。

(1) 因为 12÷4=3，所以，没有重合的边。

(2) 因为 18÷4=4.5,所以，有一个大正方形。

(3) 因为 16÷4=4 所以，四边形没有重合的边。

论点2 按照给出的条件制作下列图形。

(1)

(2)

〈**解答**〉将给出形状的火柴棒数量按照需要制作的图形的边数分配。

(1) 9÷4 = 2.5，有重合边。

(2) 9÷3 = 3，没有重合的边。

第118章　俄尔塞伦的入侵　109

论点3 （1）去掉 3 根，制作 3 个正三角形。
（2）去掉 2 根，制作 4 个正三角形。
（3）去掉 3 根，制作 4 个正三角形。
（4）去掉 4 根，制作 5 个三角形。

〈解答〉将给出形状的火柴棒数量按照需要制作的图形的边数分配。

(1) 　(2) 　(3) 　(4) 　小正三角形：4 个；

大正三角形：1 个

论点4 每节移动两根火柴棒，就减少 1 个三角形。

(1) 4 个、3 个、2 个

(2) 5 个、4 个、3 个、2 个

〈解答〉(1)

(2)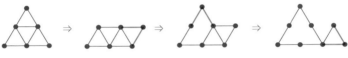

论点5 移动火柴棒后，将其左右翻转。

(1) 3 移动

(2) 2 移动

(3)  1 移动

〈解答〉(1)

(2)

印度 – 阿拉伯数字可以用火柴棒拼出 1、2、3、4、5、6、7、8、9、0，罗马数字可以用

火柴棒拼出 Ⅰ、Ⅱ、Ⅲ、Ⅳ、Ⅴ、Ⅵ、Ⅶ、Ⅷ、Ⅸ、Ⅹ。

论点6 （1）只移动一根火柴棒制作正确的式子。　　　7 + 1 = 13
（2）只移动一根火柴棒，使值等于 0。　　　Ⅰ + Ⅱ + Ⅲ + Ⅳ

〈解答〉（1）将 13 变成 8。（7 +1 = 8）
（2）减少第三个符号 + 的一根火柴棒，剩下符号 —，把 — 放在最前面就是
— Ⅰ + Ⅱ + Ⅲ — Ⅳ，值等于 0。（也要使用左侧空间。）

119 颈椎龙

正确答案

正确答案！因为是奶奶的儿子，所以，不是爸爸就是叔叔。

正确。♪

公爵真是天才啊！

这种简单的问题。

再给你出一道题，这个问题是猜我的年龄。

哗啦啦

年龄？

我们家一共有15个兄弟姐妹，我是老大。

15个？

兄弟姐妹之中，年龄相邻的两个人的年龄差都是一年半。准确地说，我的父母每一年半就生一个孩子。

真的好规律啊。

我是老大，我的年龄是老幺的 8 倍，那么，我的年龄是多少呢？

不知道，这个问题太难了。

这不是什么难题。大家都说这个问题很简单。

看来，伯爵大人的数学能力不怎么样啊。

大汗

嘻嘻

真影响心情！

哆哆的判断题　平面上有 7 根火柴棒，用它们可以制作出 3 个正三角形。

正确答案

战士们的表情也很僵硬！发生了什么事情吗？

其实，最近流传着一个奇怪的传闻。

什么传闻？

利安江有一条巨大的长龙！

龙？

是的，不是一两个人看到了。

啊，那个啊？

用火柴棒依次制作三角形 △，▽△，▽△▽，一根火柴棒是一条边，第 30 个图形需要（   ）根火柴棒。

噗哈！

告诉他们都是假消息，让他们都放心吧！

因为利安江根本没有龙！

第二天

雾……

啊啊啊啊

 用火柴棒依次制作正方形，一根火柴棒是一条边，☐，

☐☐☐，☐☐☐☐☐，第 20 个图形需要（　　）根火柴棒。

第119章 颈椎龙 123

啊，真搞笑！

*残骸：指残破的建筑物、机械、车辆等。

那些家伙，完全被吓到了！

潜水艇的残骸*被打捞到江边的瞬间，我就想到了，"就是它"。

如果哆哆哥哥不在凌晨去江边，它就会被当成垃圾扔掉了吧？

他们把船贴到一起了，乱套了！

龙生气了！

好像是因为不舒服！

我都说那是假的了！

明明就是真的，你在说什么？

呜呜……

啊啊！

赶紧调转船头逃跑吧!

嗒嗒嗒

停下来!所有人集合!

空荡荡

你们听不见吗?!

全速攻击!

嗡嗡嗡

哎呀,都过了换班时间了。

5 质数（1）

 提高创造力数学教室

领域— 数和运算　　能力— 创造性思维能力

提示文

孩子们，我们在《冒险岛数学奇遇记》49 册第 31 页中学过质数（prime number）和合数（composite number）吧？从古至今，有很多学者对质数的性质非常感兴趣。不过，大多只是推测，没有准确的证明。

博士！质数像偶数一样有无数个吗？

是的，公元前 3 世纪左右，欧洲数学家欧几里得证明了这一事实。哆哆啊！假设质数的数量有限，那就用矛盾论证的方法证明质数有无数个。

博士，我有一个问题。教科书上写着找到从 2 到 n 的质数的方法叫作"埃拉托色尼筛选法"。我知道埃拉托色尼是希腊数学家，但是，我不知道筛选法是什么意思。

"筛网（sieve）"指滤除粗粉末的工具。在数学中，指把合数滤除，只让质数通过的方法。阿兰说一下埃拉托色尼筛选法吧。

论点1 **请证明质数有无限个。**

〈解答〉质数的个数只有两个答案，要么有限，要么无限。只要证明一方是错的，就可以证明另一方是正确的了。假设只有 p_1, p_2, ……, p_n 个质数，如果 N 是这些数字的乘积加 1 的和（$N = p_1 \times p_2 \times, \dots, \times p_n + 1$），那么，$N$ 的质因数是 p_m（$m \geq 2$，所有自然数 m 至少有一个质因数）。因为质数等于 p_1, p_2, ……, p_n，所以，p 是其中之一。N 是 p 的倍数，$p_1 \times p_2 \times \dots \times p_n$ 也是 p 的倍数，因此，（$N - p_1 \times p_2 \times \dots \times p_n$）也是 p 的倍数。即，$N - p_1 \times p_2 \times \dots \times p_n = 1$ 也是 p 的倍数。这个结论是矛盾的，就是说 1 也是 p 的倍数。因为质数的数量是有限的这个假设存在矛盾，所以,质数的数量有无数个。

应用问题① **请举例说明,关于两个以上相互不同的质数 $p_1, p_2, \dots, p_m$，$N = p_1 \times p_2 \times \dots \times p_n + 1$，那么，它不是质数，就是合数。**

〈解答〉当 $p_1 = 2$, $p_2 = 5$ 时，$N = p_1 \times p_2 + 1 = 2 \times 5 + 1 = 11$，11 是质数，当 $p_1 = 3$, $p_2 = 5$ 时，$N = 3 \times 5 + 1 = 16$，16 是合数。$2 \times 3 \times 5 \times 7 \times 11 + 1 = 2311$ 是质数，$2 \times 3 \times 5 \times 7 \times 11 \times 13 + 1 = 30031 = 59 \times 509$ 是合数。

论题1 埃拉托色尼筛选法为以下事实提供依据，请证明这个事实。

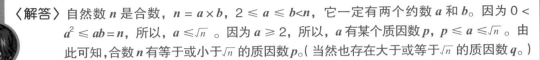

自然数 n 是合数，n 的质因数中，一定存在小于等于 $\sqrt{n}$ 的质因数。

〈解答〉自然数 n 是合数，$n = a \times b$，$2 \le a \le b < n$，它一定有两个约数 a 和 b。因为 $0 < a^2 \le ab = n$，所以，$a \le \sqrt{n}$。因为 $a \ge 2$，所以，a 有某个质因数 p，$p \le a \le \sqrt{n}$。由此可知，合数 n 有等于或小于 $\sqrt{n}$ 的质因数 p。（当然也存在大于或等于 $\sqrt{n}$ 的质因数 q。）

〈参考〉p 是合数 n 的质因数，$p \le \sqrt{n}$，当然也存在 n 的约数 q（$\sqrt{n} < q < n$）。为了找到从 2 到 n 的质数，将 2 到 n 的数排列后，从小质数（2，3，5……的顺序）开始分开去除（筛除），剩下的数字就是质数。此时，不再继续分解接近 n 的质数，只要分解到接近 $\sqrt{n}$ 的质数就可以了。比如说，如果想找到 50 以内的质数，只要分解到小于 $\sqrt{50} \approx 7.07$ 中的质数 2，3，5，7，然后去掉它们倍数的数字就可以了，如果想找到 500 以内的质数，只要分解到小于 $\sqrt{500} \approx 22.3$ 中的质数 2,3,5,7，…，17,19，然后去掉它们倍数的数字就可以了。

应用问题2 请找到大于 150 小于 170 之间的质数自然数。

〈解答〉因为 $\sqrt{170} \approx 13.03$，所以，只要去掉 2，3，5，11，13 的倍数就可以得到结果。剩下的就是质数 151，157，163，167。

论点2 当 $n \ge 2$ 时，请证明 $(n + 1) \times n \times (n - 1) \times \cdots \times 2 \times 1 + k$ $(2 \le k \le n + 1)$ 的 n 个连续数字是合数。

〈解答〉按顺序观察 n 个连续数，当 $k = 2$ 时是 2 的倍数，当 $k = 3$ 时是 3 的倍数，……$k = n + 1$ 时是 $(n + 1)$ 倍数，所以，所有数字都是合数。

应用问题3 请举出一个例子，7 个连续数都是合数。

〈解答〉以 **论点2** 为前提，$n = 7$，$8 \times 7 \times 6 \times \cdots \times 2 \times 1 = 40320$，因此，$40320 + k$（$k = 2$，3，…，8）中的 7 个数 40322，40323，40324，40325，40326，40327，40328 都是合数。

〈参考〉7 个连续合数中，最小的是 90，91，92，93，94，95，96。

应用问题4 $abcd$ 是小于 5000 的四位数，a，ab，abc，bcd，cd，d 都是质数。请找出满足条件的所有四位数质数 $abcd$。

〈解答〉个位数的质数是 2，3，5，7，两位数及两位数以上的质数是 1，3，7，9，由此可知，小于 5000 的质数 $abcd$ 中，a 等于 2 或 3，d 等于 3 或 7，b 和 c 分别是 1，3，7，9 中的一个数字。ab 是 23，29，31，37 中的一个数字，cd 是 13，17，37，73，97 中的一个数字。根据给出的条件，四位数质数只能是 3137 和 3797。

主场优势*

*主场优势：本地队伍比远征队伍更有利的竞技环境。

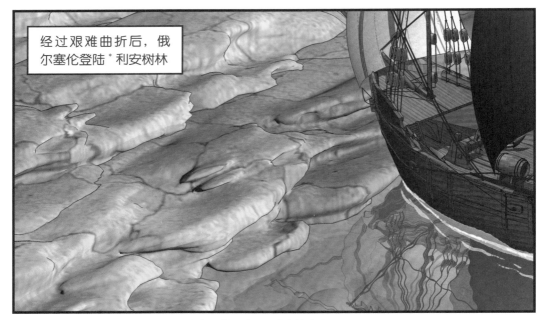

经过艰难曲折后，俄尔塞伦登陆*利安树林

*登陆：渡过海洋或江河登上陆地，特指作战的军队登上敌方的陆地。

什么，就只有这些人吗？

是的，不知道大家都去哪儿了。

*骑兵：骑马打仗的士兵。

骑兵*们坐的船呢？

不见了……

哼，骑兵是最重要的。

 哆哆的判断题　只有一个正约数的自然数也属于合数。

不过，到了梅雨季节，这里就会变成沼泽地了。

咳

你们不知道这里会这样吧？

心情不太好啊！

嗖

*参谋：参与指挥部队行动、制订作战计划的干部。

你是怎么做参谋*的？这种事情不是要提前收集好信息吗？

公爵大人不是说一定会赢吗？

哼 哼 哼

你要顶嘴吗?!

每天都对我发脾气。

正确答案 ×

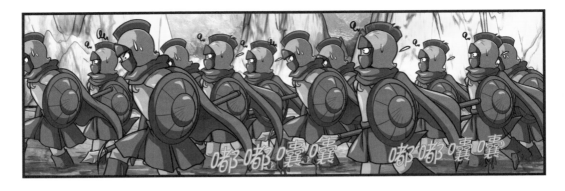

嘟嘟囔囔　嘟嘟囔囔

嗖　嗖

一下子

公爵大人，我想了想，敌人应该有攻击我们的办法。

在这沼泽地里？什么办法？

刚才我们看到的大婶不是乘坐木筏吗，在沼泽地里最适合乘那个了。

你在开玩笑吗？乘坐木筏还怎么打仗？！

哈哈哈

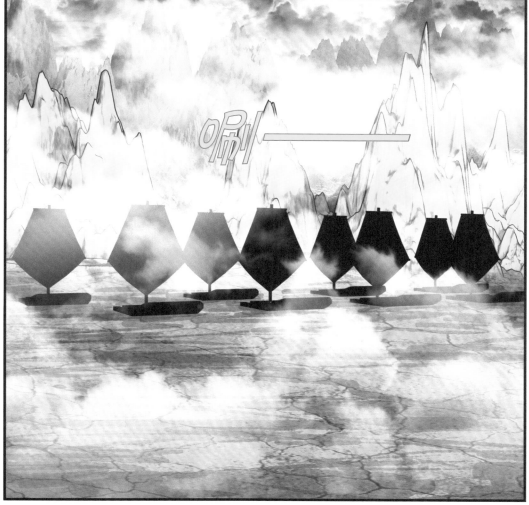

是敌人！

正确
答案

反击*！

悄悄地

可是大家都跑了啊？

*反击：对敌人的攻打进行回击。

啊啊——

看来他们是等着风朝我们吹来才突袭的。

还好是这样，等没有风的时候就好了。

正确
答案　{8，9，10}

疯了！又不能逃跑，也没有地方可以躲！

只过了半天，俄尔塞伦的兵力就受到重挫

最后只有俄尔塞伦公爵和艾萨克将军好不容易逃出来了

 卡伊扎的满分问答　如果 p 是质数，q 也是质数，那么，p^q 有（　　）个约数。

终于从讨厌的沼泽地出来了!

呼
呼

瞄一眼

只有我们俩吗?

是的。

怎么会全军覆没?

好像是敌人来了。

怎,怎么办?连喘气的机会都不给!

哆 哆

哆 嗦

嗦嗦

嗒嗒

嗒嗒

那不是公爵大人吗？

你们是帝国骑兵队。

公爵大人，我们现在有救了吧？

是啊，老天在帮我们。

你明明是帝国军队的将军，为什么在这里吃苦？你现在投降，把阿兰抓来我就饶了你。

我为什么要投降？

你们怎么可能战胜我们？

当然了，虽然不像话，不过，我们有武器。

嗖嗖

怎么不突击了？

树木太多了，马跑不动。

什么?

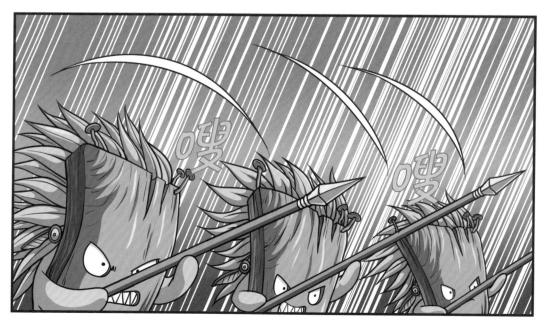

眼泪汪汪

真是奇迹，我们赢了！

奇迹才刚刚开始。

我有一个想法，可以不流一滴血就能让阿兰得到帝国！

公爵大人，我们做个共赢的交易吧！

啪

阿兰会变成帝国的主人？

敬请期待《冒险岛数学奇遇记》第 51 册！

ISBN 978-7-5108-4144-6

9787510841446

安野光雅 "美丽的数学" 系列

◆ "安徒生图画奖" 大奖得主、国际顶尖绘本大师安野光雅代表作

◆ "日本图画书之父" 松居直、"台湾儿童图画书教父" 郑明进赞赏不已的绘本大师

◆ 日本绘本大师安野光雅倾心绘制，带领孩子们走进美丽的绘本世界

　　安野光雅不是简单地把数学概念灌输给孩子，而重在把数学的本质蕴含其中，让孩子去体悟。书中不是单纯地讲数学，更重在启发儿童从不同角度看待事物、发现问题和尝试解决问题的思考方式，培养孩子的逻辑思维能力，提高综合素质，让孩子以简单、科学的方式走近数学，爱上数学，为孩子创造了一个充满了好奇的快乐世界。

全系列共 5 册
定价：145.00 元

奇妙的种子　　　　三只小猪　　　　帽子戏法　　　　十个人快乐大搬家

壶中的故事

ISBN 978-7-5108-3324-3

9787510833243

全系列共 5 册
定价：78.00 元

小嘀咕系列

◆ 美国作家协会评选的著名儿童读物

◆ 美国儿童和青年文学奖、图书馆学会年度好书

◆ 2006年法国基金会奖、法国文森市千页图书馆奖

◆ 被哈佛大学Coop书屋誉为"儿童教育的最佳礼品"

◆ 全球畅销超过160万册，21个国家和地区发行，24项国际大奖

◆ 2008年瑞典国家图书馆评选的最佳儿童作家、最佳儿童插画家，加拿大书商协会大奖

◆ 帮助小孩突破日常"害怕"心理，做自信的自己！真实捕捉儿童敏感期，抚慰小小心灵的柔软与坚强

全系列共 7 册

定价：119.00 元

　　小松鼠嘀咕，是只胆小、怕事，最喜欢装死的小松鼠。他害怕冒险，害怕尝试，对未知事物非常害怕，他害怕一个人外出，害怕一个人睡，害怕聚会，害怕去海边……面对这许许多多的"害怕"，他会提前做好万全准备，列好计划和攻略，并且全盘实施。可是每次当真的与计划不相符时，小松鼠嘀咕就拿出看家本领"装死"，虽然最终总是"横生波折"，但小松鼠嘀咕依然尝到了冒险的快乐，收获成长的喜悦。

　　小松鼠嘀咕的故事告诉我们：只要轻轻一跳，就能发掘新本领，找到新天地。

加古里子"好品质养成"故事绘本系列

◆ 日本产经儿童出版文化奖得主、绘本大师加古里子

◆ 40余年心血之作，系列累计加印622次

◆ 20年丰富的儿童指导会教师经验，写就永不褪色的经典

◆ 工学博士理工男，玩转绘本，俘获大小童心

　　加古里子根据儿童指导会20年来的经验，创作了这套脍炙人口的故事绘本系列。

　　丰富的一线教学经历，加上科学缜密的思维，辅以幽默，使得这套绘本跨越世代，深受读者喜爱。作者加古里子通过每个故事，寓教于乐，讲述了不同的主题。例如，《红蜻蜓运动会》教孩子如何用智慧击退邪恶力量，同时让孩子们明白团结的重要性等。

ISBN 978-7-5108-4302-0

9 787510 843020 >

全系列共 8 册　　重点新书

定价：158.00 元

红蚂蚁和黑蚂蚁

沙沙和他的朋友

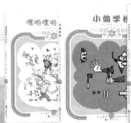

喱呦喱呦　　小偷学校　　红蜻蜓运动会　　蓝眼睛 黑眼睛 棕色眼睛　　胡萝卜地里的小猪　　臭桔林的瓢虫

ISBN 97875-108363-05-5

9 787510 836305

畅销经典

全系列共 6 册
定价：80.00 元

让孩子痴迷的科普涂鸦书

◆ 一套适合孩子的手绘创意填色大书，点燃孩子的艺术创想

◆ 精彩呈现鸟类、蝶类、雨林生物、林地动物的形态特征，自然发烧友爱不释手的科普图书

◆ 新西兰人气插画师珍妮库伯精心描绘，近100种生物，送给自然爱好者的一份自然礼赞

◆ 休闲时光、轻松减压，胶版印刷，自然环保，携带方便

◆ 国内众专家团队历时两年权威审核，科学严谨，一遍看不够

◆ 北京自然博物馆、国家动物博物馆倾情推荐

　　这是一套融合了知识性和趣味性为一体的创意填色书。新西兰人气插画师珍妮库伯精心绘制了鸟类、蝶类、热带雨林、海底世界等近百种生物，从绚烂的海底生命到美丽多姿的蝴蝶，从热带雨林到神秘的林地景观，从动物到植物……让热爱自然的孩子爱上画画，让热爱画画的孩子爱上自然。科普+认知+涂色+创新，艺术美感和思维训练，一举多得。

自然科学童话（新版）

◆ 畅销15年，加印30余次，倍受父母们喜爱的童书礼品套装

◆ 韩国环境部选定优秀图书

◆ 朝鲜日报青少年部指定优秀图书

◆ 自然科学知识和童话故事的完美结合。讲述生命、爱、互助的主题时，同时让孩子学到受用终生的自然科学知识

◆ 亲子阅读，互动性强。让家长不再苦恼如何让孩子快乐的掌握自然科学知识

ISBN 9787-51083-6176-6

9 787510 836176

畅销经典

全系列共 12 册
定价：198.00 元

　　美丽的大自然中有很多很多种动物和植物，每一种动物和植物都有自己独特的生活习性和智慧。这个世界上的每个角落里每天都在发生各种各样的事情。让我们跟随这一套有趣的童话故事，去神秘的大自然世界中探险吧。

　　本系列共12册，每册都有3个章节来介绍不同的昆虫或者植物，有故事情节的精致设计、科学知识点的详细介绍、针对性问题的引导提出、准确答案的巧妙提供，使读者能在愉悦的氛围中，有趣的情节安排下，探索科学知识和正确问题答案。